Weil eine Welt mit Geschichten
eine bessere Welt ist.

Gregor Demblin

Wie ich lernte, Plan B zu lieben

Life is a story

schreib's auf
story.one

1. Auflage 2020
© story.one – the library of life – www.story.one
Eine Marke der Storylution GmbH

Gesetzt aus Minion Pro und Lato.
© Coverfoto: Andreas Hofer, www.andreas-hofer-fotograf.at
© Fotos: unsplash.com

Printed in the European Union.

ISBN: 978-3-903715-02-8

Wem sonst als euch.
Für meine Frau und meine Kinder.
Mit euch hat alles erst so richtig begonnen.

INHALT

Einleitung

Risikopatient. Eingeschränkte Lungenfunktion. Multiorganversagen. Die Botschaft meines Arztes war eindeutig: bloß kein Risiko eingehen, sich das Virus zu holen. Das war zwar nicht überraschend, aber tief drinnen hatte ich doch auf leichte Lockerung meiner weitgehenden Isolation gehofft. Egal. Mein Leben war noch nie einfach.

Draußen ist herrliches Badewetter. Aber vielen Menschen geht es nicht gut. Sie haben Angst um ihren Job, um ihre Existenz. Immer öfter werde ich in letzter Zeit gefragt, wie ich es geschafft habe, mir in meiner Situation ein neues Leben aufzubauen. Wenn man sieben Mal umfällt, muss man acht Mal aufstehen, sagt ein Sprichwort. Das Besondere ist diesmal, dass diese Krise alle betrifft. Aber wir werden das schaffen. Das weiß ich.

Ich weiß das, weil ich immer wieder gezwungen war, von vorne zu beginnen. Am Anfang glaubt man, das ist unmöglich. Aber irgendwann läuft es. Der Mensch ist unglaublich anpassungsfähig und kreativ.

Solange es einem gut geht, glaubt man gar nicht, was man alles verlieren kann. Ich habe innerhalb von einem Augenblick alles verloren. Das ist jetzt 25 Jahre her. Niemals in meinem Leben habe ich mich so frei gefühlt wie damals. Ich war endlich fertig mit der Schule, ich konnte zum ersten Mal in meinem Leben machen, was ich wollte. Ich war überglücklich. Jetzt würde ich die Welt erobern. Beginnen wollte ich damit in den USA. Ein One-Way-Ticket hatte ich bereits gebucht.

Doch davor war die Maturareise. Mit acht VW-Bussen waren wir Richtung Griechenland unterwegs. Unsere Zelte stellten wir an den schönsten Stränden auf. An Tag fünf war der Besuch eines abgeschiedenen Bergklosters geplant. Die Sonne brannte vom Himmel und stundenlang stiegen wir über schmale Pfade und Hängebrücken den Berg hinauf.

Endlich am Ziel, klopften wir an die Pforte. Der orthodoxe Abt empfing uns freundlich. Aus Höflichkeit aß ich ein Stück Zuckergebäck, das uns angeboten wurde. Noch heute wird mir übel, wenn ich an den picksüßen Rosengeschmack denke.

Die Sonne stand schon tief, als wir an den Strand zurückkamen. Völlig überhitzt, hatte ich nur einen Wunsch: so schnell wie möglich ins Meer! Und dann sollte sich mein Leben, innerhalb von einer Sekunde, für immer verändern.

Ich würde alles tun, um diesen Moment rückgängig zu machen. Oft habe ich mich gefragt, wie mein Leben wohl sonst verlaufen wäre. Aber das spielt es nicht. Man muss das Leben nehmen, wie es kommt. Und notfalls bei den Hörnern packen. Ich weiß nicht, ob mir das gelungen ist. Aber ich weiß, dass man aus Krisen sehr wohl gestärkt herausgehen kann. Wenn Plan A nicht mehr funktioniert, dann muss eben Plan B her. Und je früher man damit anfängt, desto besser.

Auch wenn ich mir das damals nicht vorstellen konnte: Ich würde mit niemandem tauschen. Das Leben steckt voller Möglichkeiten und Überraschungen, und ich bin dankbar für jeden einzelnen Tag.

Listen to: Highway to Hell. AC/DC

Two seconds to eternity

Es ist gleißend hell und wahnsinnig heiß. Ich springe als Erster aus dem Auto, renne zum Zelt und habe schon die Badehose an. Mit großen Sätzen laufe ich über den Sandstrand. Ich erreiche das Wasser, laufe weiter, und als es etwa hüfttief wird, hole ich tief Luft und hechte in die nächste große Welle, die mir schäumend entgegenrollt.

Ich liebe das Meer, habe es immer schon geliebt. Ich tauche mit einem Kopfsprung ein, und schon bin ich in dem herrlich kühlen Nass, rundherum nichts als Ruhe und die Lichtreflexionen am Sandboden.

Aber irgendetwas ist heute anders. Ich bin mit dem Kopf leicht am Grund angekommen, habe eigentlich nichts gespürt, aber plötzlich kann ich mich nicht mehr bewegen. Ich versuche wieder aufzutauchen, den Kopf über die Wasseroberfläche zu bekommen, aber es gelingt mir nicht.

Ich kann weder Arme noch Beine bewegen und werde von den Wellen hilflos herumgewirbelt. Mich erfasst eine unsagbare Panik und ich verstehe überhaupt nicht, was los ist. Die Luft wird immer knapper, Ersticken ist schrecklich. Immer verzweifelter versuche ich, irgendwie die Oberfläche zu erreichen. Doch jede neue Welle wirbelt mich hilflos herum.

Merkt denn niemand etwas? Kommt mir niemand zu Hilfe? Nicht hier, nicht jetzt, ich bin doch zu jung zum Sterben! Meine Panik wird zu einem unfassbaren Grauen, und mir wird mit Schrecken bewusst, dass das wohl meine letzten Sekunden sind.

Und genau in dem Moment, als mir das bewusst wird, erlebe ich plötzlich eine unglaubliche Leichtigkeit. Es ist seltsam, die unsagbare Panik vor dem Tod ist wie weggewischt. Mir wird klar, dass das Leben auf der Erde ohne mich genauso weitergehen wird, und alle Last fällt von mir ab. Alles wird gut, ganz egal, was mit mir passiert. Der Gedanke ist nicht beunruhigend, sondern sehr angenehm, wie eine Erlösung, ein Eintreten ins Nirwana.

Ich beobachte mich selbst, und starke Gefühle gehen mir durch den Kopf. Sollte ich das hier überleben, werde ich die Welt für immer mit anderen Augen betrachten. Warum tun wir uns und unserer Umwelt so viel Gewalt an? Wenn ich überlebe, werde ich nie wieder Fleisch essen, werde ich jede Form von Gewalt ablehnen.

Plötzlich nehme ich wieder die wunderbaren Lichtreflexionen wahr. In allen Farbtönen, hellblau, türkis, grün bricht sich die Sonne am strahlend gelben Sandboden. Die Schönheit der Natur ist einfach unbeschreiblich. Die Zeit steht still. Ich empfinde unendliches Glück. Alles ist gut. Die Erde ist so wunderwunderschön.

Ich sehe das helle Licht. Ich bin vollkommen ruhig. Dann zieht sich mein Brustkorb reflexartig zusammen und ich atme schmerzhaft Salzwasser ein. Alles wird schwarz und ich bin weg.

Listen to: Deep Blue Day. Brian Eno

Blackout

„Schwester! Schnell! Ich glaube, er wacht auf!" Was ist los? Wo bin ich? Ankämpfen gegen die bleierne Müdigkeit! Ich öffne die Augen, das Licht jagt mir einen brennenden Schmerz in den Kopf. Alles ist so anstrengend! Ich dämmere wieder weg, tagelang.

„Können Sie mich hören?" Ich erwache aus einem traumlosen Tiefschlaf. Konzentrier dich! Wo ist mein Körper? Arme und Beine spüre ich nicht, es fühlt sich an wie Schweben. Mein Mund ist unendlich trocken. Ich versuche etwas zu sagen, aber es geht nicht, ich habe einen Schlauch im Mund. Mein Kopf explodiert, ich habe stechende Kopfschmerzen. Maschinen piepsen. Mich erfasst eine grauenhafte Angst. Wo bin ich? Was ist passiert?

„Herr Demblin, können Sie mich hören?" Wenn ich die Augen öffne, sehe ich verschwommen die Decke, ich kann den Kopf nicht bewegen und mein Blickfeld verändern. Aber jetzt beugt sich ein Mann über mich.

„Sie liegen auf der Intensivstation und werden künstlich beatmet, deshalb können Sie nicht sprechen. Wenn Sie mich verstehen, zwinkern Sie mit den Augen." Ich zwinkere.

„Sehr gut", sagt er. „Sie brauchen viel Ruhe. Sie haben die Operation gut überstanden und waren im künstlichen Tiefschlaf. Ich komme später wieder vorbei." Gott, bitte lass mich aus diesem Albtraum aufwachen! Was ist nur los? Warum spüre ich nichts? Ist das noch die Narkose? Jeder Gedanke schmerzt fast unerträglich, ich muss mich beruhigen!

Meine Eltern beugen sich über mich. Sie sagen, wie glücklich sie sind, dass ich am Leben bin. Dass ich ansprechbar bin. Dann brechen sie beide in Tränen aus. Stunden, Tage, Wochen später? Ich habe jedes Zeitgefühl verloren. Ich sehe immer den gleichen Ausschnitt der Decke, wenn ich wach bin, versuche ich Ähnlichkeiten in der Musterung zu entdecken. Der Arzt kommt an mein Bett und fragt, ob ich ihn hören kann. Ich zwinkere. Ob es mir gut geht. Ich zwinkere nicht. Ob ich Schmerzen habe. Ich zwinkere. Er erklärt mir, dass ich eine Querschnittslähmung habe. Daher spüre ich meine Beine nicht. Es gibt eine gute Nachricht, meint er. Wir können in ein paar Tagen versuchen, ob die Atmung ohne Beatmungsgerät funktioniert. Und ich soll die Hoffnung nicht aufgeben, manche lernen wieder gehen.

Meine armen Eltern müssen danebenstehen und zuschauen, wie ich lautlos anfange zu heulen. Es ist unvorstellbar. Ein Leben im Rollstuhl? Ich hatte wunderbare 18 Jahre, eine glückliche Kindheit, aufregende Jugendjahre – warum konnte es nicht einfach vorbei sein? Warum habe ich überlebt?

Ich wache auf. Das Licht ist abgedunkelt, wahrscheinlich ist draußen Nacht. Mein Durst und die Schmerzen im Hals sind kaum erträglich. Der Beatmungsschlauch drückt auf den Kehlkopf, ich habe Brechreiz. Ich habe eine Idee. So fest ich kann, kaue ich auf dem Schlauch. Setze meine Schneidezähne als Säge ein. Wieder und immer wieder. Und plötzlich gelingt es! Der Schlauch ist durchgebissen. Alle Geräte fangen wie verrückt an zu piepsen, um mich herum wird es schwarz. Endlich. Ich habe es geschafft.

Listen to: Suicide Is Painless. M.A.S.H.

AKH

Draußen ist Sommer, Badewetter seit Tagen. Hier drinnen bekommt man davon fast nichts mit. Nicht einmal die Fenster lassen sich öffnen, und von meinem Bett aus sehe ich nur ein kleines Stück blauen Himmel.

Ich liege seit fünf Wochen im AKH, und mein Zustand hat sich kaum gebessert. Im Gegenteil, immer mehr wird mir klar, dass eine Querschnittslähmung wesentlich mehr bedeutet, als nicht mehr gehen zu können. Ich habe mich nie mit Behinderung auseinandergesetzt. Ich hatte keine Ahnung, dass auch die Hände und Arme gelähmt sein können. Dass eigentlich sämtliche Körperfunktionen betroffen sind, Kreislauf, Verdauung, Blasenfunktion. Das alles muss ich jetzt in geballter Form lernen. Ich bin komplett überfordert, versuche, bloß nicht nachzudenken, mache Witze. Später erzählen mir meine Eltern, dass sie sich schon ernsthaft Sorgen machten, ob ich eine Hirnschädigung erlitten hätte.

Die Beatmungsmaschine ist weg, heiser kann ich wieder reden. Aber ich kann mich nicht einmal selbst kratzen, wenn die Nase juckt. Ich liege den ganzen Tag auf dem Rücken und kann genau nichts. Wenn meine Lehne aufgerichtet wird, wird mir grau vor Augen. Diese Form des Kreislauftrainings machen wir mehrfach täglich.

Ein Arzt kommt herein, zur täglichen Untersuchung. Mit einer Nadel sticht er in die Beine und Füße, um zu prüfen, ob noch Reste von Sensibilität da sind. Aus Angst, eine schlechtere Behandlung zu bekommen, beobachte ich seine Bewegungen und sage immer wieder: „Au!" Aber in Wirklichkeit spüre ich gar nichts.

Meine Eltern und zwei meiner besten Freunde haben eine Überraschung organisiert. Sie haben vom Arzt die Erlaubnis bekommen, mich auf die Raucherterrasse des AKH zu schieben. Meine Erwartungen sind nicht hoch, aber ich lasse mich überreden. Sicherheitshalber muss eine Krankenschwester uns begleiten. Es ist das erste Mal seit Wochen, dass ich das Zimmer verlasse.

Ich werde durch Gänge geschoben, sehe die Decke. Im Lift beugen sich fremde Menschen neugierig über mich. Dann kommen wir auf die

Terrasse, das Bett rumpelt. Die Sonne blendet mich, und ich sehe auf den Gürtel, wo sich der Feierabendverkehr staut. Es ist nicht viel, sicher nicht die interessanteste Aussicht, die Wien zu bieten hat. Aber ein Gedanke fährt mir in den Kopf und lässt mich nicht mehr los: Da draußen gibt es noch ein Leben, und das geht einfach weiter!

Nach einer Viertelstunde müssen wir wieder zurück. Doch dieser Ausflug verändert alles. Plötzlich kommt von irgendwo wieder Energie zurück. Mir ist etwas klar geworden: Ich will leben. Ich habe nur dieses eine Leben, und ich muss das Beste daraus machen. Ich werde, ich muss kämpfen. Ich weiß noch nicht, wie – aber ich will leben!

Listen to: Slave to the Wage. Placebo

Abhaken

Täglich spielt mein Gehirn mir einen Streich. Täglich wache ich auf mit dem Reflex: „So, jetzt stehe ich auf." Täglich werde ich blitzschnell in die beinharte Realität zurückkatapultiert. Und täglich überrollt mich bereits in diesem Moment die totale Verzweiflung. Ich muss liegen bleiben, bis die Pfleger kommen.

Nach sieben endlosen Wochen im Spital hatte ich endlich einen Platz im Rehabilitationszentrum. Ich klammerte mich an eine fixe Idee: „In einem Jahr kann ich wieder gehen." Ich war felsenfest überzeugt, dass ich zu den wenigen Glücklichen zählen würde, bei denen die Nerven wieder zusammenwachsen. Es gab einfach keine Alternative.

Mit aller Kraft klammerte ich mich nach wie vor an mein altes Leben. Einen eigenen Rollstuhl bestellen? Das kam nicht einmal ansatzweise infrage, auch später nicht, als die Ärzte mich drängten.

Mein Anker war meine Physiotherapeutin: Monika. Ohne Gnade ließ ich mich Tag für Tag von ihr schinden. Wir hatten uns gefunden: Sie hatte einen Patienten, der mit viel Biss jede Therapie mitmachte. Ich hatte eine Therapeutin, die mir zu meinem Traum verhelfen würde. Ihr verdanke ich, dass ich vieles erreicht habe, was die Ärzte als vollkommen unmöglich bezeichnet hatten.

Der Start war zaghaft: Kreislauftraining, nach sieben Wochen Liegen. Dazu wurde ich auf ein Stehbrett geschnallt. Wenn das Brett um zehn Grad geneigt wurde, wurde ich bereits ohnmächtig. Das wiederholten wir immer wieder und wieder. Es dauerte Wochen, bis ich zehn Minuten im Rollstuhl sitzen konnte.

Dann die Feinmotorik: Zähne putzen, essen, schreiben … Wie ein Kleinkind muss man alles von null auf lernen. Ein Teller Suppe war ein unendlicher Kraftakt. Ein Löffel ich, ein Löffel gefüttert vom Pfleger. Die Hälfte ging daneben. Danach war ich streichfähig. Jeder einzelne Tag ist zum Verzweifeln.

Monatelang klammerte ich mich an meine Überzeugung, wieder gehen zu lernen. Ich trainierte jeden Tag Stunde um Stunde. Wenn die Therapeuten um 16:00 Uhr Feierabend hatten, fuhr ich noch viele Stunden meine Runden im Rollstuhl als Ausdauertraining.

Zehn Monate Intensivtraining, dann brach ich zusammen. Ich hatte den kompletten Lagerkoller. Ich musste so schnell wie möglich hier hinaus. Notfalls im Rollstuhl. Widerwillig bestellte ich einen. Das war der Zeitpunkt, als ich akzeptieren musste, dass es nie wieder so sein würde wie früher.

Ich gelangte zu der Erkenntnis: Wenn man neu starten will, muss man die Vergangenheit hinter sich lassen. Der Blick zurück bringt uns nicht weiter. Mir wurde klar, dass das Leben keine Generalprobe ist. Es ist schade um jeden einzelnen Tag, an dem wir nicht zufrieden sind.

Ich musste die Situation akzeptieren und neu bewerten: Wo stehe ich? Welche Ressourcen und Möglichkeiten sind mir geblieben? Wie würde mein ideales Leben ausschauen? Damals habe ich beschlossen, alles im Leben auszuprobieren. Jedem Traum nachzugehen. Und nur noch das zu tun, worauf ich wirklich Lust habe.

Listen to: While My Guitar Gently Weeps.
The Beatles

Schwere Geburt

Drei Jahre später. Ich will bei meiner Bank Geld abheben und stelle mich in der Schlange an. Neben mir steht mein persönlicher Assistent, Jozef, aus der Slowakei. Als ich an der Reihe bin, sage ich von unten: „Ich würde gerne von meinem Konto abheben." Die Kassiererin beugt sich vor, schaut auf meinen Rollstuhl und fragt über meinen Kopf hinweg: „Kann er denn unterschreiben?" Jozef versteht wenig Deutsch. Er schaut sie fragend an. Sie wiederholt: „Kann er denn unterschreiben?", und macht mit der Hand Schreibbewegungen.

„Ah!", sagt Jozef, kramt in seinen Taschen, zieht einen Kugelschreiber heraus und reicht ihn der Frau hilfsbereit. Etwas gereizt unterbreche ich von unten: „Ja, er kann unterschreiben. Und Sie könnten mich auch selbst fragen."

„Das kann man ja nicht wissen", murmelt sie.

Ein Jahr nach meinem Unfall war ich aus dem Rehabilitationszentrum entlassen worden, bereit und motiviert, ein neues Leben zu beginnen.

Schnell bekam meine Motivation einen Dämpfer. Ich war aus der perfekten Rollstuhlfahrerwelt im realen Leben angekommen. Ich selbst sah mich als denselben Menschen, nur eben sitzend statt gehend. No big deal. Doch meine Umwelt schien das ganz anders wahrzunehmen.

Ständig drehten sich auf der Straße Menschen nach mir um. Alle waren verunsichert, wussten nicht, was sie sagen dürfen und was nicht. Und das Schlimmste von allem: Ich merkte immer mehr, dass mir keinerlei Leistung zugetraut wurde. Niemand meinte es böse. Es war einfach Unsicherheit.

Während ich also versuchte, meinem Rollstuhl möglichst wenig Beachtung zu schenken, nahm meine Umwelt ausschließlich den Rollstuhl wahr. Mein Lebenskonzept ging nicht auf, nichts war normal. Fremde Menschen streichelten mir in der U-Bahn über den Kopf und erklärten mir strahlend, wie sehr sie meinen Lebensmut bewunderten. Andere kamen vorbei und schenkten mir ein Zuckerl oder ein Kipfel.

Oder mein erstes Date: Ich hatte an meiner Frisur gefeilt und meine Lieblingsjacke angezogen. Nach einem letzten prüfenden Blick in den

Spiegel war ich aufgebrochen. Zehn Minuten zu früh saß ich am Stephansplatz und wartete auf sie. Plötzlich drückte mir ein Passant eine Münze in die Hand. Im ersten Moment war ich völlig perplex, erst dann verstand ich.

Ich war frustriert. Wie soll man ein normales Leben führen, wenn man ständig auf seinen Rollstuhl reduziert wird? Dann wurde mir klar, dass etwas geschehen musste. Ich hatte zwei Optionen. Entweder ich selbst verändere mich und ziehe mich zurück. Oder ich verändere meine Umwelt.

Jeder hat sein Leben in der Hand. Wenn der Rahmen nicht mehr passt, muss man ihn selbst verändern. Wer auf die anderen wartet, wartet oft vergebens.

Ich musste also die Bilder in den Köpfen verändern. Ich musste erreichen, dass ein Rollstuhl genauso unspektakulär ist wie eine Brille. Mir war klar, dass ich eine Monsteraufgabe vor mir hatte. Aber ich hatte keine Wahl. Und zum Glück wusste ich nicht, wie steil der Weg sein würde ...

Listen to: Now It's On. Grandaddy

The sky is the limit

Ich sitze in der Wiese, Adrenalin durchflutet meinen Körper, ich habe ganz unbeschreibliche Glücksgefühle. Oh mein Gott, war das jetzt echt? Was für ein Wahnsinnsfeeling!

Bereits vor Sonnenaufgang sind wir zu viert ins Auto gestiegen. Wir müssen früh in Vitis sein, habe ich am Telefon erfahren, da sei die Thermik am besten. Die Uni muss wohl auf morgen warten. Der alte Ford plagt sich auf der Schnellstraße. Wir sind bester Laune.

Hinter Vitis ist in einer riesigen Wiese eine Rollbahn gemäht, auf der ein rosa Flugzeug steht. Wir finden den Sprunglehrer, mit dem ich telefoniert hatte. Wir gehen alles genau durch – ein Fallschirmsprung mit Rollstuhlfahrer ist auch für ihn nicht alltäglich. Ob ich das Gewicht meiner Beine in der Luft zehn Minuten mit dem Arm halten kann, fragt er mich. Ich habe keine Ahnung. „Klar, kein Problem!", sage ich mit Überzeugung, aus Angst, ich dürfte sonst nicht springen.

Im Moment sei die Thermik ganz schlecht, sagt er. Vielleicht gehe es zu Mittag. Zum Glück ist in Sichtweite ein Lokal. Wir setzen uns auf der Terrasse in die Sonne, bestellen vier Cola und beobachten das Flugzeug, das immer wieder startet, um Fallschirmspringer über die Wolken zu bringen. Die nächste Runde werden vier Bier, das verkürzt die Wartezeit. Dann noch vier.

Zu Mittag haben wir schon einige Runden hinter uns. Mittlerweile haben zwei von uns beschlossen, doch nicht zu springen. Auch mir wird mulmig. Unser Lehrer kommt vorbei und sagt, dass wir noch zwei Stunden warten müssen.

Wir sitzen im Flugzeug auf dem Boden, mein Sprungpartner schnallt mich an sich fest. Sämtliche Gurte müssen genau überprüft werden. Seinen Schirm legt man immer selber zusammen, schreit er mir zu. Ich hoffe, er hat sich Mühe gegeben. Jetzt könnte ich noch zurück. Zu allem Überfluss leide ich unter leichter Höhenangst.

Richtig unheimlich wird es, als die Heckklappe geöffnet wird. Es ist wahnsinnig laut, der Wind bläst. 4000 Meter Höhe, ich sitze an der

Kante, meine Beine baumeln nach unten. Unter uns quadratische Felder, Waldstücke, winzige Straßen und vereinzelte Wolken. Ich habe riesige Angst. Bloß nicht nachdenken!

In dem Moment zeigt mir mein Lehrer von hinten Daumen hoch, und mit einem Ruck stürze ich in die Tiefe. Es ist der größte Schock, den ich je erlebt habe – und gleichzeitig unfassbar genial! Wir wirbeln durch die Luft, die Welt dreht sich, das Flugzeug über uns saust davon und ist nur noch ein winziger Punkt. Ich glaube, ich schreie die ganze Zeit vor Begeisterung. Die Wolken sausen an uns vorbei nach oben. Der Rundumblick unendlich weit, bis zu den Alpen. Die Welt ist so unglaublich schön!

Nach gefühlten 30 Minuten freiem Fall (nachher erfahre ich, es war eine Minute) geht der Fallschirm auf. Mit einem Ruck bleiben wir in der Luft stehen. Plötzlich ist es ganz still rundherum, wir sind in 1000 Meter Höhe und segeln langsam auf die Erde zu. Die Aussicht ist einfach unbeschreiblich. Die Landung in der Wiese dann etwas ruppig. Ich konnte meine Beine nämlich nicht halten.

Listen to: Song 2. Blur

Mut

Und dann habe ich gelernt, dass auch die Wirtschaft ein Spiel mit unendlichen Möglichkeiten ist. Frühling 2003. Ich sitze an einem leeren Schreibtisch. Vor mir ein Computer. Daneben ein Telefon mit eigener Durchwahl. Erster Job, erster Arbeitstag.

Wenige Tage zuvor hatte ich bei einem Abendessen den Werber Sepp Baldrian kennengelernt. Wir haben uns lange unterhalten, es wurde spät. Danach besuche ich ihn in seinem Büro. Er führt mich durch das ganze Haus. Grafikabteilung. Abo-Verkauf. Einen Stock tiefer die Online-Abteilung. Am Schluss führt er mich zu einem Raum mit einem leeren Schreibtisch: „Und das ist dein Schreibtisch. Wenn du willst, kannst du morgen anfangen."

Ich bin überwältigt. Ich habe gerade mein Studium abgeschlossen. Erste Vorstellungsgespräche sind schleppend verlaufen. Ein Mitarbeiter im Rollstuhl? Für viele schwer vorstellbar. Erwähne ich meinen Rollstuhl bereits am Telefon, gibt es eine Absage. Erwähne ich ihn nicht, ist das Erstaunen nachher groß. Und jetzt fällt mir so eine Chance in den Schoß!

Von Sepp habe ich alles gelernt, was man über Wirtschaft lernen kann. Es beginnt bei den Basics. Telefonieren: Abos verkaufen. Vertrieb: Besuche bei Weinbauern. Dann die gemeinsame Entwicklung erster Geschäftsideen: Wer könnte ein Interesse haben? Wie lässt sich eine Idee in wenigen Sätzen darstellen? Und wie erzeuge ich Emotion? Ausführliches Feedback nach jedem Geschäftstermin.

Im Laufe der Jahre entsteht eine enge Freundschaft. Unvergessen die Abende auf der Terrasse hinter dem Büro, wenn wir bei einer Flasche Wein neue Ideen entwickelten, die Ideen wie Pingpong hin und her spielten. Wir gründen gemeinsam mehrere Firmen.

Sepp Baldrian war es auch, der aus dem Thema Behinderung eine Chance machte. Das Thema, das ich nach wie vor am liebsten ignoriert hätte. Aber alles kam anders.

Mein größter Wunsch war immer noch der Wunsch nach Normalität. Doch egal, wo ich hinkam, hatte ich alle Blicke auf mir, wie auf einer Bühne. Als ich nach New York flog, galt das schon als unglaubliche Sonderleistung. Oft gab es überschwängliches Lob für die normalsten Dinge. Immer klarer erkannte ich, dass die größte Hürde nicht die Stufen am Gehsteig sind, sondern die Barrieren im Kopf meines Gegenübers.

Sepp verstand meinen Ärger. Aber er erkannte darin eine Chance zur Veränderung. Mein Unmut war groß – Sepp strich das „Un" und formte daraus Mut zur Veränderung.

Wochenlang sammelte ich internationale Statistiken. Wir staunten, als wir erkannten, wie unglaublich viele Menschen von Behinderung betroffen sind. Wir testeten den Markt und lernten, dass Unternehmen durchaus ein Interesse an dieser Zielgruppe hatten. So entstand unsere nachhaltigste Geschäftsidee.

Heute weiß ich: Es gibt in jeder Situation Chancen. Man muss sie nur suchen. Und nutzen. Jede Veränderung, jeder Absprung aus dem gewohnten Leben, braucht Mut. Auch Mut zum Scheitern. Denn durch das Fallen lernen wir, aufzustehen und weiterzugehen.

Listen to: Voyage Libre. Thievery Corporation

Ein Stück Paradies

Riesige Wellen rauschen heran, brechen schäumend am Riff. Ich sitze bequem im Liegestuhl am weißen Sandstrand, über mir rauschen die Palmen sanft im Wind. In einer Stunde wird die Sonne untergehen. Kilometerweit ist kein Mensch zu sehen.

Vor einer Woche bin ich im Paradies angekommen: Utila, eine kleine Karibikinsel vor Honduras, Domizil amerikanischer Hippies und Aussteiger. Es gibt hier kaum Autos, dafür jede Menge Tauchschulen. Die Unterwasserwelt ist so schön wie an wenigen Orten der Welt.

Vor zwei Wochen habe ich mich von meiner Freundin getrennt. In Wien ein feuchtkalter Februar, wochenlang keine Sonne, nur Hochnebel und Schneeregen. Da erreichte mich die Mail eines meiner besten Freunde, der auf seiner Weltreise in Utila hängen geblieben war. Noch in derselben Nacht haben wir Flugtickets gebucht.

Der Flug von San Pedro Sula, der Stadt mit der höchsten Kriminalitätsrate der Welt, dauert zwei Stunden. Wir sind seit 45 Stunden unterwegs, völlig übernächtigt, und sitzen in einer winzigen sowjetischen Uraltmaschine auf Gartenstühlen, die nicht am Boden befestigt sind. Unter uns der Dschungel, vor uns türmen sich blauschwarze Gewitterwolken auf. Das Flugzeug schlingert immer stärker, es gibt keine Gurte. Wir tauchen in die Wolken, die Beleuchtung fällt aus. Blitze zucken überall, Regen rinnt durch die Decke auf unsere Köpfe. Der Pilot ruft nach hinten, dass wir uns gut festhalten sollen. Wenn ich fromm wäre, würde ich beten.

Eine Stunde später setzen wir auf der Rollbahn auf. Das Gewitter ist weitergezogen. Neben der Rollbahn steht ein kleiner Holzverschlag, rundherum Palmen. Robert wartet neben der Landepiste. Ich bin dankbar, lebend aus diesem Flugzeug zu kommen.

Nach zwei Tagen kennen wir gefühlt den Großteil der Inselbewohner. Nie wieder habe ich so entspannte und herzliche Menschen getroffen. Tauchen ist hier Staatsreligion, auch wir sind von früh bis spät im Wasser. Die Schönheit der Unterwasserwelt ist unbeschreiblich. Es wimmelt nur so von tropischen Korallenfischen, Schildkröten, Delfinen und Barracudas.

Abends wird am Strand Fisch gegrillt, direkt aus dem Meer gezogen. Die Nächte werden durchgefeiert. Nichts wirkt am nächsten Tag so gut gegen einen Kater wie ein Tauchgang vor dem Frühstück.

Mein Bruder hatte nach ein paar Tagen Ohrenprobleme, der Inselarzt im bunten Hawaiihemd schaut ihm ins Ohr. „One week no diving, no cocaine, no crack." Er meint das ernst.

Ich sitze entspannt im Liegestuhl. Die Sonne färbt sich blutrot und wird bald in das türkise Meer tauchen. Morgen fahren wir mit dem Boot auf die andere Seite der Insel, wir hoffen dort beim Tauchen auf Walhaie zu stoßen.

Ich trinke noch einen Schluck Rum. Das Leben ist einfach perfekt. Mit dieser Reise habe ich definitiv wieder eine persönliche Grenze verschoben. Ich bin meinem Bruder zutiefst dankbar. In einer Woche fliegen wir nach Miami, auch cool. Aber vielleicht können wir umbuchen? Ich möchte das Paradies nicht so schnell verlassen …

Listen to: Hotel California (live). Eagles

Sie

Die ganze Stadt ist mit Blumen geschmückt, überall wird musiziert, getanzt und gefeiert. Stundenlang spazieren wir gemütlich durch die Stadt. Schließlich finden wir noch einen Platz in unserer Lieblingsbar. Braun gebrannt sitzen wir in der Abendsonne und beobachten die Ruderboote auf dem Guadalquivir. Vor mir stehen ein eisgekühlter Verdejo und ein paar Tapas. Ich lasse meine Gedanken drei Jahre zurückschweifen.

Schlecht gelaunt komme ich damals im Lokal an. Ein Arbeitskollege hat ein Buch über Fußball geschrieben, und heute ist die Präsentation. Fußball interessiert mich nicht im Geringsten, und noch dazu versäume ich eine Party. Das Lokal ist schon gut gefüllt. Ich lasse meinen Blick wandern, auf der Suche nach dem strategisch besten Platz, um schnell und unauffällig wieder verschwinden zu können.

Hinten beim Ausgang werde ich mich positionieren. Ich drehe eine Runde, begrüße alle, die ich kenne, und gratuliere meinem Kollegen zu diesem wichtigen Tag. Als er die Bühne betritt, bewege ich mich langsam Richtung Ausgang. Da fällt sie mir auf: Genau auf meiner strategischen Position steht sie, blonde Kurzhaarfrisur, sympathisch, attraktiv. Vielleicht war es doch kein Fehler herzukommen.

Und es wird noch besser. Sie spricht mich an: „Du bist Fußballfan?" „Eigentlich gar nicht", antworte ich, „ich muss hier sein: Der Autor ist mein Arbeitskollege." Sie beginnt zu lachen. „Das ist ja lustig. Auch ich bin nur hier, weil ich eine Freundin begleite, die den Autor kennt und hier sein muss. Ich bin Lisa."

Wir unterhalten uns den ganzen Abend und müssen zur Sperrstunde als letzte Gäste das Lokal verlassen. Die Party habe ich versäumt. Die Lesung zum größten Teil auch. Es war ein toller Abend.

Als ich am nächsten Morgen aufwache, bemerke ich, dass ich einen fatalen Fehler gemacht habe: Ich habe ihre Telefonnummer nicht.

Monate vergehen.

Doch dann habe ich Glück, und entdecke sie in einer durchfeierten Nacht auf der Tanzfläche eines Clubbings. Zwei Wochen später zieht sie bei mir ein. Im nächsten Jahr sind wir ständig unterwegs, Tauchen in Indonesien, Weihnachten in Hongkong, Sonne tanken in Miami, Dolce Vita in Rom. Und dann entdecken wir Sevilla, diese geschichtsträchtige, so entspannte, so wunderschöne Stadt.

Wir verwirklichen uns einen Traum, verbringen ein gemeinsames Jahr in Sevilla. Es ist das beste Jahr unseres Lebens. Nie war ich so glücklich. Wir haben bereits dreimal unsere Rückkehr verschoben, und eigentlich wollen wir gar nicht mehr zurück. Sollen wir versuchen, uns in Spanien ein neues Leben aufzubauen? Ohne Job, mit schlechten Sprachkenntnissen? Die Vernunft ist dagegen, das Gefühl eindeutig dafür. Wir können uns nicht entscheiden und werfen in dieser Nacht eine Münze.

Listen to: Another Sunny Day.
Belle and Sebastian

Neubeginn

Plötzlich war die Leichtigkeit verschwunden. Wir waren niedergeschlagen, nichts machte mehr Freude. Jeden Morgen quälten wir uns in die Arbeit. Wir hatten ein Kind verloren, und ich wusste nicht, wie ich meine Frau trösten konnte. Die Zeit verging, schleppend.

Dann der erste Termin beim Ultraschall. Was machen wir, wenn wieder kein Herz schlägt? Unsere Anspannung unendlich, und es dauert eine Ewigkeit, bis der Arzt etwas sagt. „Wunderschön, das Herz schlägt ganz regelmäßig. Hier, dieses Flimmern, sehen Sie?" Unsere Blicke treffen sich, erlöst, glücklich. Alles okay.

Doch der Arzt spricht weiter. „Und hier, sehen Sie? Da schlägt noch ein zweites Herz. Gratuliere, Sie bekommen Zwillinge!" Wir starren auf den Bildschirm.

Wie in Trance verlassen wir die Praxis. Zwillinge? Der Mann im Rollstuhl, und dann auch noch Zwillinge? Wie sollen wir das meistern? Meine Frau, stark wie sie ist, fasst als Erste Zuversicht. „Wir haben schon so vieles geschafft. Wir werden auch das schaffen." Ich bin mir da nicht so sicher.

Die gesamte Schwangerschaft dann eine einzige Zitterpartie. Monatelang muss meine Frau liegen. Langsam vergehen die Wochen. Der Sommer geht in den Herbst über, der Herbst in den Winter. Und irgendwann, viel zu früh, melden sich erste Anzeichen der Geburt.

Zurück in die Gegenwart. Heute war der längste Tag meines Lebens. Draußen liegt meterhoch der Schnee. 15 Stunden lag meine Frau in den Wehen, 15 Stunden, in denen ich völlig hilflos danebensaß, mitleiden musste und nicht helfen konnte. Es wird langsam hell. Es wird wieder dunkel. Unendliche Schwärme von Krähen ziehen über den Himmel.

Plötzlich geht alles ganz schnell, Notkaiserschnitt, meine Frau ist weg, ich am Weg zum OP. Nach einigen Diskussionen über Hygiene darf ich im Rollstuhl hinein. Kaum komme ich an, wird ein winziger blauer Körper aus dem Bauch gezogen, fängt an zu schreien. Wahnsinn. Eine Minute später der zweite. Die beiden sind zwei Monate zu früh auf der Welt, sie werden sofort in spezielle Wärmedecken gewickelt und im Eiltempo auf die Notstation gebracht. Ich bleibe allein am Gang zurück.

Endlich Ruhe. Völlig erschöpft, sehe ich die beiden friedlich in ihren Brutkästen schlafen. Ich kann es kaum glauben, kann mich nicht satt-sehen. Die Vitalfunktionen werden überwacht, Geräte piepsen vor sich hin. Beide haben einen Schlauch durch die Nase, müssen künstlich er-nährt werden. Doch die Ärzte sind zuversicht-lich. Auch wir bemühen uns um Zuversicht.

Ihr zwei winzigen Menschen, ich kann euch gar nicht sagen, wie sehr wir uns auf euch ge-freut haben! Monatelang haben wir gehofft, ge-zittert, gebangt. Was für ein unbeschreibliches Wunder! Und obwohl ich euch noch überhaupt nicht kenne, spüre ich, dass ab heute außer euch beiden nichts mehr wichtig sein wird in mei-nem Leben. So zart, so zerbrechlich. Haltet bitte durch! Es wird alles gut.

Listen to: Mittelpunkt der Welt.
Element of Crime

A day in the life

Das Dachfoyer in der Wiener Innenstadt ist knallvoll. 200 geladene Gäste aus Wirtschaft und Politik sind gekommen, um die Verleihung der wichtigsten Auszeichnung für Social Entrepreneurs zu feiern.

Hinter mir liegen zwölf Monate Auswahlprozess. Zahlreiche Interviews in Wien. Analyse des unternehmerischen Denkens. Des Konzepts. Der Businesspläne. Die Gesprächspartner sind Vollprofis. Sie sagen, dass auf eine Million Menschen ein Ashoka Fellow kommt. Es folgt die zweite Auswahlrunde in London. Dann, endlich: Das Board im Ashoka-Headquarter in Washington ernennt mich tatsächlich zum Ashoka Fellow. Und heute ist mein großer Tag, die offizielle Feier.

Ab hier geht es bergauf.

Fünf Jahre später, ich komme gehetzt ins Büro, gerade noch pünktlich für unser Teammeeting. Ich spüre jeden Muskel nach meinem morgendlichen Workout mit der Physiotherapeutin. Aus dem Serverraum klingt das vertraute Tackern des Braille-Druckers. Ich eile zum Besprechungsraum und beende mein Telefonat.

Wir sind wieder gewachsen, sind mittlerweile 25 Mitarbeiterinnen und Mitarbeiter. Etwa die Hälfte hat selbst eine Behinderung. Der Screen ist auf größtmöglichen Kontrast eingestellt. Die Gebärdensprachdolmetscher dolmetschen. Jeder, der redet, nimmt ein kleines Mikrofon in die Hand, für die Hörgeräte. Das alles ist so normal, dass es keinem von uns auffällt.

Gäste, die in unser Büro kommen, können es oft gar nicht glauben. „Bei euch schaut doch alles ganz normal aus", hören wir oft. Ja klar! Was erwartet ihr euch? Wir haben ein perfekt barrierefreies Büro, und das bedeutet, dass bei uns niemand behindert wird. Alle können ihr volles Potenzial entfalten. Behinderung spielt keine Rolle.

Nach dem Meeting kurze Abstimmung mit dem Management Board, dann muss ich weiter. Ich soll beim ORF ein Radiointerview geben und bin danach zum Lunch verabredet. Es wird wieder einmal knapp.

Meine Assistenten begleiten mich durch den Tag. Jeder Handgriff sitzt. Wenn ich unnötig

Zeit verlieren würde, fiele mein Terminplan wie ein Kartenhaus in sich zusammen. Ich bin so dankbar, dass ich sie habe! Ohne sie hätte ich nie ein Unternehmen aufbauen können.

Zurück im Büro. Ich trinke meinen vierten Kaffee und lasse mich kurz von den Kolleginnen briefen. Wir haben inhouse eine Projektpräsentation für einen Kunden. Ich soll durch die Präsentation führen, dabei kennen sich die Kolleginnen viel besser aus. Sie versprechen mir, notfalls einzuspringen.

Ich muss das Meeting früher verlassen, habe im Konferenzraum eine Telefonkonferenz. Danach eilen wir zum Auto. Mein Assistent fährt, währenddessen erledige ich Telefonate und schreibe Mails. Auf mich wartet noch mein Training im Fitnessstudio. Der Abend ist zum Glück frei von Terminen.

Ashoka hat das Potenzial vorausgesehen. Es war ein steiniger Weg, unzählige Rückschläge. Aber heute weiß ich: All der Aufwand hat sich gelohnt. Je größer das Ziel, desto größer die Mühe. Aber desto schöner auch der Erfolg.

Listen to: Aerodynamic. Daft Punk

Ausgebrannt

Heute ist mein Kartenhaus in sich zusammengestürzt. Ich sitze in unserem Wohnzimmer und habe nicht die Kraft, die Wohnung zu verlassen. Beim Gedanken, ins Büro zu fahren, übermannt mich tiefe Verzweiflung. Ich habe nicht die Energie für einen einzigen Termin. „Du bist nicht mehr der Mann, den ich geheiratet habe", hat meine Frau vor einigen Tagen gesagt. Sie hat recht. Wie konnte es bloß so weit kommen?

In den letzten Monaten habe ich alle roten Ampeln überfahren. Ich habe sie einfach nicht wahrgenommen. Angetrieben von anfänglichen Erfolgen meines Unternehmens, habe ich mir ehrgeizige Wachstumsziele gesetzt. Doch dann kam eine Reihe von Rückschlägen. Mit jedem Rückschlag habe ich mich tiefer verbissen, noch mehr Kraft investiert. Ich habe nur noch gearbeitet, rund um die Uhr. In der Früh vor dem Aufstehen, am Abend im Bett. Aus Zeitmangel habe ich alle Therapien und sportlichen Aktivitäten gestrichen.

Habe ich mich so unglaublich verschätzt? Mein gesamtes Umfeld hat die Veränderung mitbekommen. Nur ich nicht. „Das ist doch nur eine Phase. Das muss halt jetzt so sein, geht wieder vorbei." Ich habe seit einem Jahr keine Freunde mehr gesehen, keine privaten Telefonate geführt. Auch wenn ich Zeit mit den Kindern verbringe, bin ich gedanklich ganz woanders. Nichts davon hatte ich realisiert.

Ich fühle mich, als wäre ich gegen eine unsichtbare Glaswand gelaufen. Ich bin komplett am Ende, kraftlos, verzweifelt und unglaublich leer. Nach meinem Unfall habe ich psychologische Unterstützung verweigert. Aber heute habe ich das Gefühl, ich brauche dringend professionelle Hilfe. Ich rufe die Nummer an, die mir mein Kollege vor ein paar Tagen gegeben hat.

Sechs Monate später, in Kroatien. Meine Söhne schwimmen mit mir um die Wette. Sie gewinnen mit respektablem Abstand. Außer Atem liege ich am Rücken im Wasser und schaue in den tiefblauen Himmel. Wunderschön. Morgen geht es zurück nach Wien, ich würde gerne länger bleiben.

Hinter mir liegt ein halbes Jahr Auszeit. Ein halbes Jahr voller Therapien. Ein halbes Jahr, in dem ich ganz langsam, Schritt für Schritt, mein Leben wieder in die Hand genommen habe. Rückblickend kann ich noch immer nicht verstehen, wie es so weit kommen konnte. Ich habe ein komplettes Jahr verloren. Ich bin durch verzweifelte Tiefen gegangen. Ich war kaum für meine Familie da, habe sie viel zu wenig wahrgenommen. Ich verachte mich dafür.

Zum Glück gibt es im Leben immer eine zweite Chance. Ich kann wieder nach vorne schauen. Ich freue mich wieder auf die Zukunft. Ich freue mich sogar wieder auf die Arbeit. Aber eines weiß ich ganz gewiss: Das passiert mir nie wieder. Nie wieder werde ich zulassen, dass ich mich selbst in den Abgrund stoße.

„Los, Papa! Noch ein Wettschwimmen!", rufen meine Buben. „Ich bekomme noch eine Chance?", frage ich sie. Los geht's!

Listen to: Extreme Ways. Moby

Gut geht's

Plötzlich ist sie wieder da! Die Hoffnung, irgendwann wieder gehen zu können. 20 Jahre lang habe ich sie verdrängt, im hintersten Winkel meines Unterbewusstseins versperrt. Ich habe gedacht, ich hätte sie längst überwunden. Aber jetzt ist sie wieder da.

Als ich nach meinem Unfall die erste Schockphase hinter mir hatte, gab es nur ein Ziel: wieder gehen lernen. Ich war zutiefst überzeugt: Wenn einer auf der Welt das schafft, dann bin ich das. Wie ein Spitzensportler habe ich trainiert, oft 14 Stunden am Tag, gnadenlos, bis zur Ohnmacht.

Ein Jahr später sitze ich beim Primarius. Warum versteht er mich nicht? „Ich brauche ganz sicher keinen eigenen Rollstuhl", beteuere ich. „Ich werde das Rehazentrum gehend verlassen." Er schaut lange aus dem Fenster. Dann dreht er sich zu mir. „Herr Demblin, schauen Sie endlich der Realität ins Auge. Sie können noch nicht einmal mit der kleinen Zehe wackeln. Wir müssen Sie entlassen. Ehrlich, Sie müssen wieder anfangen zu leben!"

Genau davor hatte ich monatelang eine schreckliche Angst: Dieser Realität wollte ich niemals ins Auge sehen. Leben? Im Rollstuhl? Muss das jetzt wirklich sein? Ich weiß noch, wie verzweifelt ich war. Und dass ich beschlossen habe, das Thema Gehen für immer zu vergessen.

Heute ist ein strahlend schöner Julitag. Dennis lädt das Exoskelett aus seinem Auto. Wir kennen uns nur vom Telefon. Meine Erwartungen sind gering. Alle Ärzte, mit denen ich gesprochen habe, haben mir bereits im Vorfeld erklärt, dass dieses Gerät bei mir nicht funktionieren wird. Dass ich zu wenig Funktionen in Oberkörper und Beinen habe.

15 Minuten später sitze ich im Gerät. „Achtung, wir gehen in den aufrechten Stand." Wie durch ein Wunder stehe ich auf. Wow! Wie cool ist das denn! Ich stehe. Sehe die Welt von oben. Habe ganz vergessen, wie groß ich bin. Aber schon geht es weiter. Erster Schritt, zweiter Schritt ...

Nach über 20 Jahren wieder zu gehen – das ist vollkommen unbeschreiblich. Was für ein Wahnsinn! Ich muss mich sehr konzentrieren, es ist extrem anstrengend, ich arbeite mit aller Kraft. Ich gehe! Es ist kein Traum, ich gehe wirklich! Ich will nie wieder aufhören! Es fühlt sich so unglaublich gut an!

Auch meine Frau strahlt. Die Kinder sind weniger beeindruckt. „Aha. Der Papa geht." Dann gehen sie wieder spielen. Für sie ist mein Rollstuhl die normalste Sache der Welt.

Eine Stunde später sitze ich allein im Garten. Ich bin 400 Schritte gegangen, nach über 20 Jahren. Ich kann es nicht fassen. Mein ganzer Körper fühlt sich völlig anders an. Alle Schmerzen sind weg. Eines weiß ich jetzt schon: Ich muss einen Weg finden, dieses Gerät nach Österreich zu bringen.

Erinnerungen an die Zeit vor meinem Unfall, an meine frühe Kindheit gehen mir durch den Kopf. Ich bin überglücklich. Was für ein tolles Erlebnis! Und sie ist wieder da: die Hoffnung, ich werde wieder gehen. Neu, stark, berechtigt. Technologie wird das ermöglichen.

Ich sitze da, allein mit meinen Gedanken. Und plötzlich breche ich in Tränen aus.

Listen to: Can't Stop. Red Hot Chili Peppers

Fundamentale Zuneigung

In der U-Bahn, am Weg nach Hause. Es war ein harter Tag, am Vormittag fünf Meetings ohne Pause, dann Präsentation in einem Versicherungskonzern, anschließend Telefonkonferenz mit unseren Investoren. Viel Kaffee. Wieder keine Zeit zum Mittagessen. Ich müsste noch ziemlich dringend ein paar Mails beantworten, aber das erledige ich besser morgen früh, ich kann heute nicht mehr.

Station Schwedenplatz. Obwohl es schon 25 Jahre her ist, erinnere ich mich hier oft an das „Überlebenstraining". Es war, nach circa fünf Monaten im Rehabzentrum, mein erster Ausflug in die reale Welt. Wir waren sechs Rollstuhlfahrer und ein paar Trainer. Hier wurden wir allein gelassen, um erste Erfahrungen zu sammeln, wie man im öffentlichen Raum im Rollstuhl zurechtkommt. Liftschalter erreichen, im Rollstuhl einkaufen, fremde Menschen ansprechen und um Hilfe bitten. Es ist uns allen wahnsinnig schwergefallen. Jedes Mal, wenn ich an diese Zeit zurückdenke, zieht es mein Herz zusammen. Wenn ich doch damals geahnt hätte, was das Leben noch alles bereithält! Abends, nach einem Tag voller Therapien, saßen wir immer noch unten in der Kantine, 15 Rollstühle an einem Tisch. Es waren auch ein paar „alte Hasen" dabei, deren Unfall schon mehrere Jahre her war. Von ihnen konnte man lernen, wie das Leben so sein wird, wie es zu meistern sein wird. Es waren oft keine allzu erfreulichen Aussichten. Manche hatten eine Freundin, andere lebten bei ihren Eltern. Wie oft habe ich den Spruch gehört: „Kinder habe ich keine. Würde ich auch gar nicht wollen. Wenn ich nicht einmal mit meinem Sohn Fußball spielen kann." Das hat sich bei mir tief eingebrannt. Und es war für das Selbstbewusstsein eines 18-Jährigen nicht förderlich.

Ich öffne die Wohnungstür. Aus der Wohnung kommt mir ein irrer Lärm entgegen. Heute geht es wieder wild zu. Doch als die Wohnungstür hörbar ins Schloss fällt, hört der Lärm plötzlich auf. Eine aufgeregte Kinderstimme schreit: „Der Papa ist zu Hause!!!" Die Wohnzimmertür fliegt auf, meine neunjährigen Zwillinge rasen auf mich zu und umarmen mich, einer hängt rechts an meinem Hals, einer links. Dahinter kommt Timotheus, schreiend und strahlend, und versucht sich durchzudrängen und mich auch noch zu umarmen. Ganz hinten, auf allen vieren, krabbelt unser Kleinster um die Ecke. Auch er schreit und strahlt über das ganze Gesicht. Was für ein Empfang! Diese Freude, diese bedingungslose Zuneigung ist mit nichts vergleichbar. Wenn ich krank bin oder wenn ich einmal einen schlechten Tag habe, schickt meine Frau die Kinder zu mir. Ich weiß nicht, wie sie das machen, aber sie können alles Schlechte in einer Sekunde wegwischen. Mit meinen Kindern bin ich in einer anderen Welt. Einer Welt der Liebe und des Glücks. Und es stimmt: Ich kann mit meinen Kindern nicht Fußball spielen. Nur: Es macht überhaupt keinen Unterschied. Ein guter Vater ist nicht der, der einmal in der Woche Zeit zum Fußballspielen hat. Ein guter Vater ist der, der immer für seine Kinder da ist. Der sich lieber mit seinen Kindern auseinandersetzt als mit seinem Mobiltelefon. Bei dem sich die Kinder geborgen fühlen.

Ich bin meiner Frau unendlich dankbar dafür, dass sie daran nie gezweifelt hat. Dass sie Kinder bekommen hat mit einem Mann, der nicht Fußball spielen kann. Es ist das größte Glück meines Lebens.

Listen to: Into the Mystic. Van Morrison

myAbility

„Und hier bitte", sagt der Notar, und schiebt mir ein weiteres Blatt zur Unterschrift über den Tisch. Wir sitzen im großen Besprechungsraum unserer Anwälte. Uns gegenüber unsere Investoren. Wir unterzeichnen gerade unsere zweite Investmentrunde.

Neben mir meine Partner Wolfgang und Michi. Seit Jahren gehen wir durch dick und dünn, treffen gemeinsam alle wichtigen Entscheidungen. Hochprofessionell arbeiten wir an unserer Vision: eine Gesellschaft, in der niemand behindert wird.

Nie hätte ich gedacht, dass wir so weit kommen. Denn myAbility ist ein Unternehmen, für das es anfangs keinen Markt gab. Keine Firma hatte Budgets für Mitarbeiterinnen und Mitarbeiter mit Behinderung. Unzählige Male habe ich gehört, dass unser Geschäftsmodell nicht funktionieren kann.

Unvergesslich unsere erste Projektpräsentation: ein glänzender Besprechungstisch, gut

20 Meter lang. Durch die verglasten Wände hat man einen 360-Grad-Blick, imposant. Am Kopfende sitzt der Vorstandsvorsitzende, rundherum das Topmanagement aller Tochterunternehmen, 40 Personen.

Es geht um alles oder nichts: die Fortsetzung unseres wichtigsten Projekts, den Fortbestand unserer jungen Firma. Ich präsentiere seit 35 Minuten vor dem riesigen Screen und werde zunehmend nervös, denn der Vorstandsvorsitzende tippt pausenlos auf seinem Handy. Er hat noch kein einziges Mal aufgeschaut. Es scheint ihn nicht zu interessieren. Als ich schließe, weiß ich, dass es keine Fortsetzung geben wird. Alle schauen auf den Vorstandsvorsitzenden, doch er tippt weiter am Handy. Hat er überhaupt mitbekommen, dass ich fertig bin? Niemand spricht, ich will nur noch hinaus. Endlich schaut er auf.

Zu meinem unmäßigen Erstaunen ist er begeistert, geht detailliert auf die Präsentation ein, unterstreicht die wichtigsten Punkte und hat schon eine Umsetzung im Kopf. Ich bin verwirrt. Später erfahre ich, dass er komplett multitasking ist.

Das war unser erster Erfolg. Seither geht es bergauf. Die Idee überzeugt, Budgets werden geschaffen. Und nicht nur das: Mehrere hochbezahlte Manager aus Topunternehmen haben zu uns gewechselt. Sie nehmen empfindliche Gehaltseinbußen in Kauf, um in einem Job zu arbeiten, der sinnstiftend ist.

Unsere Erfolgsgeschichte ist die Geschichte eines ganz besonderen Teams, eine Geschichte, die von allen gemeinsam geschrieben wird. Bilanz: 30.000 Jobangebote. 6000 Führungskräfteschulungen. 200 Strategieprojekte. 3000 barrierefreie Filialen. Wir bauen Vorurteile in den Köpfen ab. Machen Menschen mit Behinderung zu wertvollen Mitarbeitern und Kundinnen. Und verändern so die Gesellschaft.

Aus meinem Traum ist ein hochprofessionelles Unternehmen geworden. Heute weiß ich, dass man an seine Träume glauben muss. Kein Ziel ist so unwahrscheinlich, dass es nicht lohnen würde, es zumindest zu versuchen. Ich hoffe, es wird mir gelingen, diese Überzeugung einmal meinen Kindern beizubringen.

Listen to: Nothing Can Stop Us. Saint Etienne

Epilog

Ich schaue aus dem Fenster. Die Abendsonne strahlt wunderschön in die Blätter. Die Vögel zwitschern. Eines ist klar: Die Krise wird uns noch länger begleiten.

Aber mir ist auch klar: Krisen gehören zum Leben. Die Tiefpunkte in unserem Leben sind das Salz in der Suppe – sie ermöglichen es, glückliche Phasen überhaupt zu erkennen. Dankbar zu sein und sie genießen zu können. Ohne Kontraste wird jedes Leben langweilig.

Viele Dinge in unserem Leben können wir nicht verändern. Aber es liegt an uns, sie richtig einzuordnen und zu überwinden. Das können wir nur selbst leisten. Wir müssen aufhören, uns an den Zustand davor zu klammern. Sondern das Alte abhaken und das Neue akzeptieren. Dann müssen wir uns neu orientieren. Wichtig ist es, möglichst schnell wieder ins Tun zu kommen. In die Aktivität.

Als mir nach meinem Unfall klar wurde, dass ich mein restliches Leben im Rollstuhl verbrin-

gen würde, habe ich mir geschworen: Rollstuhl
hin oder her, ich will in diesem Leben alles erleben, was man erleben kann. Ich will das Leben
maximal auskosten und mich in keiner Weise
begrenzen.

Das habe ich getan. Vieles war anders, aber
sicher nicht schlechter. Ich war auf Berggipfeln,
Dachterrassenpartys und Kirchtürmen. Ich war
50 Meter unter der Meeresoberfläche. Ich habe
Unternehmen gegründet, die die Welt ein kleines Stück besser machen. Ich will mit Technologie Behinderungen überwinden. Und ich habe
eine Familie. Meine Vision: In zehn Jahren will
ich mit meinen Kindern allein auf einen Berg
gehen. In einem Gerät, das bei uns entwickelt
worden ist.

Ich habe das glücklichste Leben, das man haben kann, und würde mit niemandem tauschen.
Und dieses Glück empfinde ich besonders in-
tensiv, weil ich so tief unten war. Weil ich erfahren habe, wie schlecht es einem gehen kann.
Das macht mich zutiefst dankbar. Je schwieriger
es ist, ein Ziel zu erreichen, desto glücklicher
macht es uns, wenn wir dort sind.

Unzählige Male habe ich gehört: „Das geht nicht." Irgendwann habe ich aufgehört, es wahrzunehmen. So bin ich draufgekommen, dass fast alles möglich ist. Dass wir unsere Träume verwirklichen können, wenn wir nur fest daran glauben und mit aller Energie dranbleiben. Das Leben ist ein riesiges Spiel, und die Zeit sehr kurz. Ich möchte es mit vollem Einsatz spielen.

Ich frage mich: Was willst du in diesem Leben noch erleben? Vor mir liegen ein weißes Blatt und ein Stift.

Listen to: Sunday. Buddy Rich

DANK

Dieses Buch ist zu kurz, um alle so wertvollen Menschen zu erwähnen, die mir geholfen haben und wesentliche Erlebnisse mit mir teilen.

Allen voran danke ich meiner Frau, die immer für mich da ist. Matthias hat mich vor dem Ertrinken gerettet. Meine Eltern und Geschwister haben mich nach meinem Unfall jahrelang in unbeschreiblicher Weise unterstützt. Georg, Niko und Friedrich haben wochenlang Nacht für Nacht an meinem Bett gewacht. Christoph hat meine erste Reise organisiert. Weitere Reisen folgten mit Joseph, Gogo, Nikolaus, Claudia, Robert und Jakob. Danke auch an Wolfgang, Michael und Michael, und Julia, mit denen ich seit 10 Jahren erfolgreich Visionen Realität werden lasse. Und ohne Hannes gäbe es dieses Buch nicht.

Ich könnte die Liste unendlich fortsetzen. Unendlich viele Menschen, die mein Leben geprägt haben. Danke, dass es euch gibt! Das Leben ist ein Wunder.

GREGOR DEMBLIN

Gregor Demblin, geboren 1977 in Wien, ist erfolgreicher Unternehmer. Direkt nach dem Abitur hatte er einen Unfall auf seiner Maturareise und ist seither auf den Rollstuhl angewiesen. Nach dem Studium der Philosophie gründete er 2010 die erste inklusive Online-Jobplattform Europas. Mit seinem 2014 gegründeten Unternehmen myAbility verfolgt er die Vision, die Gesellschaft barrierefrei zu machen. 2018 gründete er das MedTech-Unternehmen tech2people. Für seine innovativen Ansätze erhielt er zahlreiche Auszeichnungen, seit 2013 ist er Ashoka Fellow. Regelmäßig ist er Keynote Speaker auf internationalen Konferenzen. Und er war der erste Österreicher, der beim Wings for Life Run im Exoskelett startete.
Gregor Demblin liebt Reisen, Musik und Wein. Er ist verheiratet und Vater von vier Söhnen.

Alle Storys von Gregor Demblin
zu finden auf www.story.one

schreib's auf
story.one

Viele Menschen haben einen großen Traum: zumindest einmal in ihrem Leben ein Buch zu veröffentlichen. Bisher konnten sich nur wenige Auserwählte diesen Traum erfüllen. Gerade einmal 1 Million publizierte Autoren gibt es derzeit auf der Welt - das sind 0,013% der Weltbevölkerung.

Wie publiziert man ein eigenes story.one Buch?

Alles, was benötigt wird, ist ein (kostenloser) Account auf story.one. Ein Buch besteht aus zumindest 12 Geschichten, die auf der Plattform gespeichert werden. Diese lassen sich anschließend mit ein paar Mausklicks zu einem Buch anordnen, das sodann bestellt werden kann. Jedes Buch erhält eine individuelle ISBN, über die es weltweit bestellbar ist.

Auch in dir steckt ein Buch.

Lass es uns gemeinsam rausholen. Jede lange Reise beginnt mit dem ersten Schritt - und jedes Buch mit der ersten Story.